Robert Schich

Dynamik - Ursachen der Bewegung

5 ausgewählte Experimente zum Thema Mechanik

GRIN Verlag

Bibliografische Information der Deutschen Nationalbibliothek:

Die Deutsche Bibliothek verzeichnet diese Publikation in der Deutschen National-
bibliografie; detaillierte bibliografische Daten sind im Internet über http://dnb.d-
nb.de/ abrufbar.

Impressum:

Copyright © 2011 GRIN Verlag GmbH
Druck und Bindung: Books on Demand GmbH, Norderstedt Germany
ISBN: 978-3-656-41203-8

Dieses Buch bei GRIN:

http://www.grin.com/de/e-book/213111/dynamik-ursachen-der-bewegung

Fakultät für Mathematik und Naturwissenschaften

Institut für Physik

Professur für Didaktik der Physik

Sommersemester 2011

Hausarbeit/Beleg im Seminar:

Physikalische Schulexperimente I

Versuchskomplex:

Dynamik – Ursachen der Bewegung.

Vorgelegt von: **Robert Schich**

Studiengang: Lehramtsbezogener Bachelor allgemeinbildende Schulen

Fächer: Geschichte - Physik

4. Fachsemester

Datum: 31.08.2011

Inhaltsverzeichnis:

I.   Einleitung – Zur Thematik der Dynamik.

„Die Welt – und alles auf ihr – bewegt sich."[1] Mit diesen Worten wird in Halliday Physik die Thematik der Dynamik eingeführt. Horst Kuchling geht dieses Thema etwas direkter an und schreibt: „Die Dynamik behandelt die Kräfte als **Ursache** von Bewegungsabläufen. Dabei ist zu unterscheiden zwischen → Dynamik der *Translation* oder Dynamik des *Massepunkts* und → Dynamik der *Rotation* oder Dynamik des *starren Körpers.*"[2] Etwas weniger philosophisch, aber schon relativ präzise. Hier wird bereits eine Kategorisierung vorgenommen. Was auf jeden Fall zu sehen ist: Die Dynamik begegnet den Menschen jederzeit und überall auf unserem Planeten, da Bewegungen (von Körpern/Massen oder wie im Unterricht oft angenommen: Massepunkten) und Kräfte ständig und ununterbrochen stattfinden und wechselwirken. Auch, und gerade deshalb, spielt sie in der Schule eine so wesentliche Rolle und bildet mittlerweile im schulischen Unterricht einen der zentralen Themenblöcke in der Mechanik. Dies war nicht seit jeher so, da die Statik bis vor wenigen Jahrzehnten noch als Einstieg in die Mechanik genutzt wurde, doch inzwischen hat diese *„an Bedeutung und Umfang verloren [und] es dominieren die eindimensionale Kinematik und eine erste, vorwiegend qualitative Weiterführung in die Dynamik, in der bei den quantitativen Betrachtungen die Beschleunigung (eindimensional) durch die Verwendung in der Newtonschen Bewegungsgleichung* F = m a *eine wichtige Rolle spielt."[3]* So gelangt zum Beispiel Wiesner zu dem Fazit, dass der Dynamik eine Wichtigkeit von zentraler Bedeutung im Physikunterricht der Mittelstufe zu kommt. Da sich die Schüler[4] zu diesem Zeitpunkt vor allem mit den makroskopischen Phänomenen der Physik beschäftigen, ist die Anwendbarkeit der (Newtonschen) Mechanik (und somit auch Dynamik) zu nahezu jedem Zeitpunkt möglich und somit auch das Experimentieren mit dieser. Und genau darum soll es in diesem Beleg gehen, um das Experimentieren. Wie auch Diehl feststellt, gibt es in der Physik zahlreiche Schwierigkeiten, vor allem für die Schüler. Einer der häufigsten Fehler sei es, die Physik darauf zu reduzieren eine Formel für gegebene Größen zu suchen, die jeweiligen Werte einzusetzen und die Physik dann lediglich auf ihre Mathematik zu reduzieren, nämlich der Kontrolle, ob korrekt gerechnet

---

[1] Halliday, D./Resnick, R./Walker, J.: Halliday Physik. 2., überarbeitete und ergänzte Auflage. Weinheim 2009, S. 14.
[2] Kuchling, H.: Taschenbuch der Physik. 19. Auflage. München 2007, S. 98.
[3] Wiesner, H.: Dynamik in den Mechanikunterricht – ein Vorwort, in: Praxis der Naturwissenschaften. Physik in der Schule Jg. 59/2010, Heft Nr. 7, S. 4.
[4] Im Folgenden wird ausschließlich das Maskulinum verwendet. Dies soll dem flüssigeren Lesen dienen und stellt keineswegs eine Diskreditierung oder Diskriminierung des weiblichen Geschlechts dar.

wurde.[5] Durch das Experimentieren jedoch wird die Physik greifbar, verständlich und in der überwiegenden Zahl der Fälle auch durchdringbar. Nicht nur aus vorweg genannten Gründen ist es also als Lehrkraft für das Fach für Physik so essentiell, sich mit dem Experimentieren in der Mechanik, konkret in der Dynamik, zu beschäftigen.

II.   Analyse des Versuchskomplexes/der Versuche.

II.I Pflichtversuch 1: Gültigkeit des Hooke'schen Gesetzes bei einer Feder.

Mittels geeigneten Aufbaus soll die elastische Dehnung beziehungsweise das linear-elastische Verhalten einer Schraubenfeder quantitativ bestimmt werden und somit die Gültigkeit des Hooke'schen Gesetzes überprüft werden. Das Ziel des Experiments ist es, zu bestätigen, dass die Federdehnung und die auf die Feder wirkende Kraft zueinander proportional sind: $F \sim s$ (Hooke'sches Gesetz).

Dieses Experiment sollte in der siebten Klasse seine Anwendung finden. Der erste Lernbereich der siebten Klasse (Lernbereich 1: Kräfte) umfasst 22 Unterrichtsstunde und führt in die Thematik der Kräfte ein. Das Experiment zum Thema des Hooke'schen Gesetzes befindet sich relativ am Anfang des Lernbereichs, jedoch nicht an erster Stelle. Zuvor begegnet den Schülern erstmals der Begriff der Kraft.[6] Hier muss versucht werden, das Vorwissen der Schüler zu korrigieren und zu präzisieren. Häufig kommen die Schüler mit Alltagsvorstellungen in den Unterricht und gerade beim Begriff der Kraft, welcher auch in der Alltagssprache und Umgangssprache häufig Anwendung findet, kommt es so zu Fehldeutungen. Die Kraft wird von den Schülern häufig als eine Eigenschaft oder als eine Fähigkeit angesehen, zum Beispiel wenn jemand oder etwas „Kraft hat", dann muss er oder es sie nicht unmittelbar anwenden, besitzt sie jedoch („Der Boxer hat viel Kraft").[7] Nachdem die ersten Stunden genutzt wurden, um den Kraftbegriff, den vektoriellen Charakter von Kräften und auch im speziellen die Gewichtskraft einzuführen, folgt das Thema des Hooke'schen Gesetzes. Das Vorwissen der Schüler ist also verhältnismäßig gering, da sie nur aus den vorhergegangenen Stunden mit dem Kraftbegriff umzugehen

---

[5] Vgl. Diehl, B.: Offene Experimente. Quantitative Versuche zur Kinematik, von Schülerinnen und Schülern selbst entwickelt, in: Praxis der Naturwissenschaften. Physik in der Schule Jg. 60/2011, Heft Nr. 4, S. 22.
[6] Vgl. Sächsisches Ministerium für Kultus [Hrsg.]: Lehrplan Gymnasium – Physik. Dresden 2007, S. 13ff.
[7] Vgl. Tobias, V./Wiesner, H.: Konzeptentwicklung und Konzeptwechsel im Mechanikunterricht, in: Praxis der Naturwissenschaften. Physik in der Schule Jg. 59/2010, Heft Nr. 7, S. 7.

hatten. Zuvor, in Klasse sechs, beschäftigten sie sich lediglich mit Bewegungen von Körpern (Lernbereich 2: Eigenschaften und Bewegungen von Körpern) und kennen somit immerhin zielgerichtete Größen.

Um die Schüler ein wenig zu fordern und ihre eigene Aktivität, Neugier und Motivation zu wecken, würde ich das Experiment als Einführung des Hooke'schen Gesetzes nutzen. Da die Schüler in der Stunde zuvor die Gewichtskraft und deren Auswirkungen auf Massen/Körper auf der Erde und dem Mond kennen gelernt haben, könnten sie so nun gleich die Anwendung des Erlernten ausprobieren (können/dürfen) und gleichzeitig unter Anleitung und Auswertung der Lehrkraft, ein neues physikalisches Gesetz „entdecken" oder „erforschen". Natürlich wäre es auch möglich, wie in Abbildung 1 und 2 anhand des Tafelbildes zu erkennen, zuvor das Hooke'sche Gesetz einzuführen und daraufhin das Experiment zu nutzen, um dies zu bestätigen. Da ich aber davon überzeugt bin, dass die Schüler unter Anleitung und Einführung in das Experiment, anschließendem eigenständigen Experimentieren und Aufnehmen von Messwerten und zuletzt gemeinsamer Auswertung, einen größeren Lernerfolg erzielen können und zugleich der „Spaßfaktor" steigt, würde ich Ersteres bevorzugen. Außerdem entspricht dies auch eher dem Kriterium des Lehrplans für das geplante Experiment „→ Methodenbewusstsein: empirisches Finden eines Gesetzes".[8] Sicherlich ist dieses Experiment auch deshalb für diese Vorgehensweise geeignet, weil es kaum begriffliche oder Lernschwierigkeiten geben sollte. Wie bereits erwähnt, wurde der Begriff der Kraft bereits die vorangegangenen Stunden eingeführt und der des Weges ist nicht nur allgemein, sondern auch aus der sechsten Klasse bekannt. Lediglich die Federkonstante wird neu eingeführt, welche dann auch Teil des Lernerfolges sein sollte.

<u>Zum Experiment selbst:</u>

Wie in Abbildung 3 zu sehen ist, benötigt man für den Aufbau eine Schraubenfeder, mehrere Massestücke/Hakenkörper, Stativmaterial und einen Vertikalmaßstab (ob hier im optimalen Fall ein Vertikalmaßstab mit verstellbarem Zeiger genutzt wird oder auf ein Lineal zurückgegriffen wird und die Werte der unterschiedlichen Höhen notiert werden, ist nicht von zentraler Bedeutung). (Abbildung 4 zeigt den Aufbau nochmals in der Realität.) Die Schraubenfeder wird so am Stativ befestigt, dass sie durch das Anhängen der Massestücke unterschiedlich lang elastisch gedehnt wird. Die angehängte Masse wird schrittweise erhöht, indem mehrere Massestücke nacheinander angehängt werden. Mittels

---

[8] Sächsisches Ministerium für Kultus [Hrsg.]: Lehrplan Gymnasium – Physik. Dresden 2007, S. 14.

Vertikalmaßstab wird die Längenänderung aufgenommen und schriftlich festgehalten. Besitzt man einen Vertikalmaßstab mit verstellbarem Zeiger, so wird der Zeiger auf den untersten Punkt der unbelasteten Feder eingestellt und nun schrittweise die Belastung auf die Feder erhöht, der Zeiger nachgeführt und somit erneut gemessen. Das Experiment eignet sich ob seines relativ unkomplizierten Aufbaus sehr als Schülerexperiment.[9] Außerdem bietet sich das Anwenden, Erstellen, Üben und Auswerten von Tabellen und Diagrammen an. Wie in Abbildung 2 zu sehen ist, kann das Diagramm genutzt werden, um die Längenänderung der Feder der Summe der angehängten Massestücke gegenüber zu stellen. Hier kann alternativ für die Masse auch die Kraft (in diesem Fall Gewichtskraft) genutzt werden, da die Schüler in der Stunde zuvor die Gewichtskraft auf einen Wert von g $\approx 10\ \frac{N}{kg}$[10] (hier $\frac{N}{kg}$ nutzen, da die Schüler die Einheiten der Kraft (N) und der Masse (kg) bereits kennen, jedoch nicht die der Beschleunigung $\frac{m}{s^2}$), gelernt haben. Diese Tabelle, sollte vom Lehrer vorgegeben werden und von den Schülern eigenständig ausgefüllt werden. Auch das in Abbildung 2 zu sehende Diagramm, welches als Interpretation der Messreihe/Tabelle dient, sollte von den Schülern mit den ermittelten Werten eigenständig ausgefüllt und der Graph gezeichnet werden. Die Achsenbeschriftung sollte von der Lehrkraft vorgegeben werden und kann hier auch variieren. Wurde in Abbildung 2 die Längenänderung der Feder Δl über der (Gesamt-)Masse m abgetragen, so kann dann, je nach Wahl der Messeinheiten der Tabelle, auch die Längenänderung s über der Gewichtskraft abgetragen werden, was ich persönlich bevorzugen würde, da der Lernbereich auf Kräfte konzentriert und zusätzlich zu sagen ist, dass in den meisten Standardwerken das Hooke'sche Gesetz mit $F = D \cdot s$[11] angegeben wird, sodass bei den Schülern nicht ein ständiges Umdenken, sondern ein Festigen stattfindet, sodass der sichere Umgang mit den zu messenden Größen und den zu berechnenden Werten erprobt wird.

Ob der möglichen Fehlerquellen sollte davon ausgegangen werden, dass der Graph bei den Schülern nicht genau so aussehen wird/kann, wie in Abbildung 2 zu sehen. Es ist davon auszugehen, dass im Klassenraum keine Laborzustände herrschen, dass die Massestücke nicht dem exakten Gewicht ihrer Aufschrift entsprechen und der Vertikalmaßstab wird nicht immer an der gleichen Stelle und korrekt angesetzt. Außerdem wird es geringfügige

---

[9] Vgl. Wilke, H.-J.: Physikalische Schulexperimente. Band 1 Mechanik/Thermodynamik. Experimente für die Sekundarstufe I. Berlin 2008, S. 79.

[10] Vgl. Sächsisches Ministerium für Kultus [Hrsg.]: Lehrplan Gymnasium – Physik. Dresden 2007, S. 14.

[11] Vgl. Winter, R./Wörstenfeld, W.: Das große Tafelwerk interaktiv. Formelsammlung für die Sekundarstufen I und II. Berlin 2003, S. 93.

Ablesefehler geben und die Federn werden mit hoher Wahrscheinlichkeit nicht exakt ruhen, um hier nur ein paar mögliche Fehlerquellen aufzuzählen. Eine Art Fehlerberechnung sollte (in meinen Augen) nicht stattfinden. Doch sollten mit den Schülern die möglichen Fehlerquellen besprochen und diese eventuell schriftlich festgehalten werden.

Das Experiment sollte den Schülern auf diese Art, mit der hier angegebenen Durchführung, nicht nur ein neues physikalisches Gesetz vermitteln, sondern außerdem den sachgerechten Umgang mit den physikalischen Messgeräten und Apparaturen vermitteln, Sicherheit im Umgang mit Messungen vermitteln und natürlich das oben schon angesprochene Methodenbewusstsein des empirischen Findens eines Gesetzes fördern. Es dient somit nicht nur dem Wissenserwerb, sondern auch der Kompetenzentwicklung, da die Schüler in Partnerarbeit arbeiten sollen und somit eine gegenseitige Rücksichtnahme, Akzeptanz und Toleranz von Nöten ist. Außerdem wird das gemeinsame Arbeiten geschult, da die Schüler, im optimalen Fall, eine Aufgabenteilung ausüben werden (ein Schüler stellt die Apparatur ein und einer notiert und liest ab oder ähnlich). Die Schüler werden sicherer und selbstbewusster im Umgang mit der Physik und entwickeln die Fähigkeit selbstständig zu handeln/experimentieren. Außerdem vertiefen die Schüler „durch das Hooke'sche Gesetz […] ihr Verständnis für das Formulieren physikalischer Zusammenhänge in Diagrammen bzw. Gleichungen."[12] Die Schüler erlernen ein sorgfältiges und bedachtes Arbeiten mit ihren Aufzeichnungen und deren Auswertungen. Dieses Experiment ermöglicht so einen polyvalenten Lernerfolg.

II.II Pflichtversuch 2: Experiment zur Addition von Kräften verschiedener Wirkrichtung.

Mittels geeigneten Aufbaus soll die Addition von Kräften verschiedener Wirkrichtungen verdeutlicht und somit der vektorielle Charakter von Kräften aufgezeigt werden. Ziel des Experiments ist es, zu zeigen, dass Kräfte gerichtete Größen sind, die sich addieren (können), dass sich Kräfte in unterschiedliche Komponenten zerlegen lassen und dass die Richtung und der Betrag der resultierenden (Gesamt)Kraft von den verschiedenen Beträgen und Richtungen der Einzelkräfte abhängig sind.

Auch dieses Experiment kann in der siebten Klasse seine Anwendung finden. Im gleichen Lernbereich (1: Kräfte) wie das erste Experiment angesiedelt, ist es theoretisch möglich,

---

[12] Sächsisches Ministerium für Kultus [Hrsg.]: Lehrplan Gymnasium – Physik. Dresden 2007, S. 13.

dieses schon in einer der ersten beiden Stunden des Lernbereiches durchzuführen. Es eignet sich sowohl als Demonstrations- als auch als Schülerexperiment, wobei es die Schüler eventuell unterfordern könnte, führt man es nicht nur vor. Der Lehrplan sieht vor, dass der Begriff der Kraft gleich zu Beginn dieses Lernbereichs eingeführt und geklärt wird und somit auch die Kraft als „gerichtete Größe"[13] eingeführt wird. Lernschwierigkeiten sollten nicht zu Hauf auftreten bei diesem Experiment/Thema. Die im vorherigen Experiment genannten Probleme bezüglich der Differenzierung des Begriffs „Kraft" von Alltagsbedeutung und physikalischer Bedeutung müssen hier natürlich wieder berücksichtigt werden. Bezüglich der Addition und des daraus resultierenden vektoriellen Charakters ist zu sagen, dass die Schüler keine größeren Verständnisprobleme haben sollten, da sie in der sechsten Klasse bereits im „Lernbereich 2: Eigenschaften und Bewegungen von Körpern"[14] mit der Größe der Geschwindigkeit und der Richtungsbezogenheit konfrontiert waren und ihnen Situationen, wie in Abbildung 5 dargestellt, bekannt sein sollten. Ebenfalls bekannt sollte natürlich generell die Größe Kraft sein, sodass die Schüler über die Einheit Newton und die Ablesemethoden bezüglich der Zugkraftmesser informiert sind. Das Experiment ist geeignet, es als Demonstrationsexperiment in den Kontext bei der Erklärung der Eigenschaften und der Kraft im Allgemeinen zu nutzen und damit das Verständnis zu eben dieser Größe der Physik zu festigen und zu erweitern.

<u>Zum Experiment selbst:</u>

Abbildung 6 zeigt den schematischen Aufbau des Experiments. Benötigt werden dafür Stativmaterial, drei Zugkraftmesser und ein Faden. Aus dem Stativmaterial wird ein Gestell gebaut, welches dem aus Abbildung 6 gleicht. Zwei der drei Federkraftmesser werden jetzt außen an der oberen Stativstange befestigt und diese mit einem Faden verbunden. Den dritten Federkraftmesser hängt man in den Faden ein. Zieht man nun an dem dritten Federkraftmesser und fixiert ihn in der Anordnung, so können die Kräfte F_1 und F_2 von den oberen beiden Federkraftmessern abgelesen werden. Aufgrund des Vektorcharakters von Kräften ist zu erkennen, dass die Summe der Kräfte F_1 und F_2 größer ist, als die Kraft F_3.[15]

Wird das Experiment wie oben beschrieben in den Unterricht eingebettet, so ist eine Auswertung mittels Unterrichtsgespräch notwendig. Der Lehrer erklärt nach der

---

[13] Ebd., S. 14.
[14] Ebd., S. 10.
[15] Vgl. Wilke, H.-J.: Physikalische Schulexperimente. Band 1 Mechanik/Thermodynamik. Experimente für die Sekundarstufe I. Berlin 2008, S. 85f.

Einführung der Größe Kraft deren Eigenschaften et cetera und nutzt dieses Experiment, um auf den vektoriellen Charakter zu verweisen. Ich könnte mir vorstellen, dass man einen oder mehrere Schüler an den Lehrertisch bittet, um die jeweiligen Größen abzulesen und an der Tafel festzuhalten. Eine tabellarische Auswertung oder ein Diagramm bieten sich in diesem Zusammenhang nicht an. Vielmehr wäre es empfehlenswert, eine Skizze (an der Tafel) anzufertigen, welche die Kräfteaddition nochmals explizit zeigt (ungefähr wie in Abbildung 6, nur ohne die genaue Zeichnung der Federkraftmesser und mit unterschiedlichen Farben für die einzelnen Kräfte F_1, F_2 und F_3).

Eine explizite Fehlerbetrachtung ist bei diesem Demonstrationsexperiment nicht notwendig. Es ist darauf hinzuweisen, dass es natürlich zu Ablesefehlern kommen wird und auch die Federkraftmesser nicht reibungsfrei gleiten, sodass geringfügige Abweichungen und Ungenauigkeiten nicht zu verhindern sind, jedoch geht es bei diesem Experiment eher um den Demonstrationseffekt, als um absolute physikalische, eher: mathematische, Korrektheit.

Die Schüler können bei diesem Experiment ihr vorhandenes Wissen festigen. Das Experiment dient der Ergebnissicherung im Unterricht und veranschaulicht nochmals das vorher vom Lehrer Gelehrte beziehungsweise Besprochene. Den Jugendlichen wird durch dieses Experiment die Gelegenheit der Visualisierung geboten. Schüler, welche die zuvor besprochenen Eigenschaften, besonders vektorieller Art, der Kraft nicht verstanden haben oder Schwierigkeiten haben, sich dies bildlich vorzustellen, bekommen durch dieses Experiment nochmals die Gelegenheit zu verstehen, was gemeint ist. Es findet keine Werteorientierung oder Kompetenzentwicklung statt. Andererseits kann jedoch davon ausgegangen werden, dass die Festigung des Wissens der Schüler durch dieses Experiment mit einer Differenzierung und Präzisierung der Vorstellung der physikalischen Bedeutung vom Kraftbegriff einher geht. Dies hat zur Folge, dass die Schüler zunehmend physikalische Fachsprache nutzen und diese nicht nur von der Alltagssprache abgrenzen können, sondern auch deren Vorzüge gegenüber jener erkennen. Außerdem wird die Grundlage geschaffen beziehungsweise gefestigt, welche die Schüler später im Lernbereich benötigen, um mit Kraftfeldern in Bezug auf Magnetismus arbeiten zu können.[16]

II.III Pflichtversuch 3: Bestimmung der Haftreibungszahl mit Hilfe der geneigten Ebene.

Mittels geeigneten Aufbaus soll die Haftreibungszahl einer gewählten Unterlage durch die Verwendung einer geneigten Ebene ermittelt werden. Ziel des Experiments ist es, entweder durch geschicktes Anordnen, Messen und Umformen von Gleichungen die Haftreibungszahl ohne die Bestimmung von Kräften zu ermitteln (dann wird der Aufbau wie in Abbildung 7 gewählt). Es sollen dabei sowohl die Zusammenhänge und Wechselwirkung von Kräften gezeigt werden, als auch die Abhängigkeit von physikalischen Größen untereinander.

Dieses Experiment sollte erst in der neunten Klasse durchgeführt werden. Es kann im Lernbereich 3: Bewegungsgesetze seine Anwendung finden. Hier siedelt es sich in dem 16 Unterrichtsstunden umfassenden Lernbereich etwa bei der Hälfte des Lernbereichs oder kurz danach, je nachdem, wie die Lehrkraft den Lernbereich plant und strukturiert, an. Es eignet sich durchaus als Schülerexperiment, welches in Partnerarbeit durchzuführen ist. Da die Schüler zuvor über Bewegungsvorgänge unterrichtet wurden und sich mit diesen befassten, passt es thematisch gut in das folgende Thema der Newton'schen Gesetze, da hier mit Kräfteverhältnissen gearbeitet wird beziehungsweise diese ihre Anwendung finden. Die Schüler besitzen, wie in den beiden vorherigen Experimenten bereits ausführlich erläutert, Kenntnisse zu den Themen Kräfte und Bewegungsarten, erlernen jedoch erst kurz vorher im selben Lernbereich den exakten Umgang mit einer quadratischen Funktion, vor allem in Bezug auf die geradlinig-gleichmäßig beschleunigte Bewegung.[17] Da in diesem Experiment Kenntnisse zur geradlinig-gleichmäßig beschleunigten Bewegung von Nöten sind, kann das Experiment nicht in der siebten Klasse durchgeführt werden. Hinzu kommt, dass mathematische Kenntnisse zu Winkelfunktionen und verschiedenen Arten von Kräften besprochen sein müssen. Dass die Schüler der siebten Klasse generell lediglich sehr allgemein mit dem Kraftbegriff arbeiten (zum Beispiel die Gewichtskraft auf $10\,\frac{N}{kg}$ definieren und nicht auf $9{,}81\,\frac{m}{s^2}$) ist ein weiterer Grund für die Durchführung in der neunten Klasse.

Lernschwierigkeiten könnte es bei diesem Experiment insofern geben, da die Verschränkung von Physik und Mathematik (zumindest im Vergleich zu den beiden zuvor erläuterten Experimenten) ein gewisses Niveau erreicht hat. Die Schüler müssen in der

---

[17] Vgl. ebd., S. 24f.

Lage sein, mit den Winkelfunktionen zu arbeiten, diese anzuwenden und es muss ihnen möglich sein, auf der Basis von Darstellungen und Skizzen (die sie teilweise selbst anfertigen), Kräfte(verhältnisse) einzuzeichnen und aus diesen die richtigen physikalischen Schlüsse zu ziehen, sodass sie die Formeln finden/nutzen und miteinander kombinieren (und umstellen) können, welche von Relevanz sind. Beschriebenes Wissen und ein gewisses strukturelles Denken zum Lösen physikalischer Probleme sind also von Nöten und können eventuell zu Schwierigkeiten führen, falls dies nicht gegeben ist.

<u>Zum Experiment selbst:</u>

Die Abbildung 7 zeigt den Aufbau des Experiments, ohne dass eine Messung von Kräften durchgeführt werden muss. Mittels Stativmaterial wird eine geneigte Ebene konstruiert, welche nur einen geringen Neigungswinkel besitzt. Ein Klotz wird auf diese Ebene gelegt. Nun verstellt man den Neigungswinkel der Ebene (langsam) und möglichst erschütterungsfrei, bis eine Höhe erreicht ist, in der der Klotz leicht zu rutschen beginnt. In dieser Höhe wird die Ebene fixiert. Nun werden die Längen h und a gemessen. In der Höhe, in der die Ebene fixiert wurde, gilt für die Hangabtriebskraft, dass diese fast gleich der Reibungskraft ist (nur minimal größer). Die Reibungskraft ist definiert zu

$F_R = \mu \cdot F_N = \mu \cdot F_G \cdot cos\alpha$ und die Hangabtriebskraft zu $F_H = F_G \cdot sin\alpha$. Setzt man diese gleich (weil diese, wie gesagt, ungefähr gleich groß sind) und stellt nach μ um, so erhält man $\mu = tan\alpha$ und somit $\mu = \frac{h}{a}$. Das Ergebnis zeigt: Die Haftreibungszahl ist auf diese Weise rein durch die Messung der Höhe und der Länge zu ermitteln.

Zur Auswertung des Experimentes ist zu sagen, dass der Lehrer an der Tafel vor der Durchführung des Experiments eine Skizze vom Aufbau anfertigen sollte und zusammen mit den Schülern alle wirkenden Kräfte, die Längen a und h, als auch den Winkel α eintragen sollte. Die Schüler übernehmen diese in ihre Hefter, bevor sie mit dem Aufbau beginnen. Anschließend ermitteln die Schüler selbstständig die benötigten Werte und letztendlich stellt ein Schüler in der Auswertung an der Tafel seine Ergebnisse mitsamt aller Umformungen und Rechnungen vor. Die anderen Schüler bekommen dann die Möglichkeit, dieses Ergebnis mit den eigenen Ergebnissen zu vergleichen und sie sehen, ob sie korrekt experimentiert und gerechnet haben. Alternativ könnte die Lehrkraft die Ergebnisse auch einsammeln und zu einer Bewertung nutzen, jedoch empfinde ich dieses Experiment dafür für zu wenig umfangreich, da die Schüler nur zwei Größen (die Längen a und h) zu ermitteln haben und sich der Rest des Experiments auf Rechnungen bezieht. Aus diesem Grunde sind für die Auswertung auch keine Tabellen oder Diagramme geeignet.

Eine Fehlerbetrachtung sollte durchaus durchgeführt werden, wenn auch nicht quantitativ sondern nur qualitativ oder halb-quantitativ. Es sollte darauf eingegangen werden, dass sowohl die Messungen der Längen Fehlern unterliegen, als auch, und das noch viel mehr, die Annahme, dass die Haftreibungskraft gleich der Hangabtriebskraft ist. Es sollte natürlich versucht werden, genau die Höhe zu finden, in welcher ein möglichst genaues Kräftegleichgewicht herrscht, dies wird jedoch nicht exakt möglich sein. Zudem unterliegt diese Abschätzung, je nach „Gleitfähigkeit" auch einem subjektiven Einfluss und die Ebene und der Klotz werden nicht vollständig schmutzfrei sein (zumal die Luftreibung auch noch betrachtet werden müsse), um hier nur ein paar der möglichen Fehlerquellen anzuführen. Die Schüler sollten eine eigenständige Fehlerbetrachtung durchführen und diese bei der Auswertung mit vorstellen und etwaige Fehlerquellen ergänzen, sodass sie ein ungefähres Gespür für das Auftreten von Fehlern und das Bewusstsein für diese Umstände in der Physik entwickeln.

Das Experiment dient den Lernenden dazu, ihr Basiswissen aus der siebten Klasse zu erweitern und vor allem das in den Stunden zuvor Gelernte zu sichern. Auch wenn die Fallbeschleunigung in diesem Fall keine erhebliche Rolle spielt, weil sie gekürzt wird, müssen die Schüler umsichtig mit ihrem Wissen agieren und sich auf eine exakte Konstruktion konzentrieren und korrekt rechnen, um darauf zu kommen, dass sie nur zwei Größen benötigen. Das Experiment dient also der Ergebnissicherung, dem Anwenden von Wissen und Kenntnissen und dem sach- und fachgerechten Umgang mit den Arbeitsmaterialien aus der Physik. Auch die Sozialkompetenz wird, wie bei fast jeder Partner- oder Gruppenarbeit, geschult. Den Schülern wird durch dieses Experiment ein sicherer Umgang mit der Physik gelehrt und ihr Selbstvertrauen zum Fach steigt, sodass sie sicherer im Umgang mit dem Lösen physikalischer Probleme werden.

II.IV Freier Versuch 4: Das Hooke'sche Gesetz gilt nicht bei einem Gummi.

Mittels geeigneten Aufbaus soll überprüft werden, ob das Hooke'sche Gesetz bei einem Gummiband Gültigkeit besitzt. Ziel des Experiments ist es, zu zeigen, dass (höchstwahrscheinlich wider der Erwartungen) das Hooke'sche Gesetz nicht auf ein Gummi anwendbar ist, weil es nicht zu den linear-elastischen Federkörpern gehört. Dabei soll die Anwendbarkeit des Hooke'schen Gesetzes überprüft und das Formulieren, Belegen oder Widerlegen von physikalischen Thesen erprobt werden und es soll gezeigt werden, dass durch genaues Messen beste Untersuchungsergebnisse erzielt werden.

Dieses Experiment kann im Kontext des ersten Experiments betrachtet werden und sollte ebenso in der siebten Klasse durchgeführt werden. Wie auch das Überprüfen der Gültigkeit des Hooke'schen Gesetzes bei einer Feder, kann dieses Experiment theoretisch direkt im Anschluss durchgeführt werden, wenn die Lehrkraft dies wünscht und genügend Zeit vorhanden ist. Damit befindet es sich ebenso den Lernbereich 1: Kräfte und kann bei einem theoretischen Stoffverteilungsplan innerhalb der angedachten 22 Unterrichtsstunden dieses Lernbereichs zeitnah nach dem ersten (hier vorgestellten) Experiment angesiedelt werden.

Da in den/der vorausgegangenen Stunde(n) das Hooke'sche Gesetz an einer (Schrauben)Feder überprüft wurde und die Proportionalität zwischen einwirkender Kraft und Längen-/Wegänderung bei einer oder mehreren Schraubenfedern überprüft wurde, können die Schüler mit allen für dieses Experiment relevanten Begriffen umgehen. Sie sind zu diesem Zeitpunkt über das Thema Kräfte aktuell informiert und besitzen das nötige Wissen, um eine Untersuchung vorzunehmen. Auch Lernschwierigkeiten sollte es nicht mehr geben, da diese (→ siehe Problem: „Alltagsvorstellung vom Kraftbegriff" → im ersten Experiment geschildert) ausgeräumt, korrigiert und die physikalische Bedeutung des Kraftbegriffs präzisiert wurde.

Dem Experiment vorausgehen sollte wieder ein Tafelbild. Nicht vollständig, aber mit den relevanten Informationen. Aus Abbildung 8 wird ersichtlich, wie ich mir ein Tafelbild zum Thema/Experiment vorstellen würde. Der Lehrer sollte das Tafelbild so mit den Schülern vorbereiten, wie es dort zu sehen ist. Lediglich die Werte in der Tabelle, den Graphen und das Ergebnis beziehungsweise der Merksatz sollten natürlich erst in der Auswertung ergänzt werden. Nachdem die Schüler die Überschrift, Aufgabenstellung, die Skizze zum Aufbau des Experiments, die Tabelle und das Koordinatensystem übernommen haben, werden die zum Experimentieren benötigten Materialien ausgeteilt und es wird begonnen.

<u>Zum Experiment selbst:</u>

Wie in Abbildung 9 zu sehen ist, benötigt man Stativmaterial, Massestücke, ein Gummiband, einen Vertikalmaßstab (mit oder ohne Zeiger) und (je nach Aufbau) eine Waagschale. In Abbildung 9 ist der schematische Aufbau zu sehen. Abbildung 10 zeigt den in der Realität umgesetzten Aufbau (keine Waagschale und kein Zeiger am Vertikalmaßstab). Je nach vorhandenem Material kann man dieses Experiment also auch leicht modifiziert durchführen. Für die in Abbildung 10 gezeigte Variante, wurden einfach mittels Kreide Markierungen am Vertikalmaßstab vorgenommen, die später das Ablesen vereinfachen. Wird das Experiment wie in Abbildung 9 durchgeführt, geht man wie folgt vor: Der Zeiger des Vertikalmaßstabes wird auf den untersten Punkt des Gummibandes eingestellt, welches lediglich mit der Waagschale verbunden ist. Anschließend wird dieser Wert vom Maßstab abgelesen. Nun werden nacheinander Wägestücke auf die Waagschale gelegt und die Längenausdehnung mittels Zeiger erneut gemessen und notiert. Auch die Summe der Gewichtskraft muss notiert werden. Hierfür sollte die eigens dafür angefertigte und in Abbildung 8 gezeigte Tabelle genutzt werden. Die Schüler nehmen nun eigenständig die Messungen vor und notieren die Messwerte. Die Interpretation der Ergebnisse sollte von den Schülern mittels Auftragung der Messwerte im Diagramm stattfinden. Das Diagramm in Abbildung 8 zeigt schon das erzielte Ergebnis. Um dies nochmals zu präzisieren, ist Abbildung 11 geeignet. Diese zeigt, dass das Hooke'sche Gesetz nicht auf ein Gummiband anwendbar ist, da das Material nicht zu den linear-elastischen Körpern, sondern zu den progressiven Federkörpern gehört.[18]

Bei der Vorgehensweise, welche in Abbildung 10 dargestellt wird, werden die Massestücke einfach nacheinander an das Gummiband gehängt und schließlich mit Kreide eine Markierung am Maßstab gezeichnet. Dies hat eventuell den Vorteil, dass man schon beim Aufnehmen der Werte den zunehmend größer werdenden Abstand der Längenausdehnung bei konstanter Gewichtskrafterhöhung sehen kann, jedoch auch den Nachteil, dass diese Vorgehensweise nicht ganz so exakt ist, als würde man einen Zeiger nutzen (zumal die Kreide auch relativ dick ist und es so zu weiteren Abweichungen kommt).

Zur Auswertung ist zu sagen, dass es gut vorstellbar ist, dass ein Schüler seine Ergebnisse an der Tafel präsentiert und die Tabelle und das Diagramm ausfüllt. Hierbei sollte Wert auf das Ergebnis gelegt werden. Wie schon in Abbildung 8 zu sehen, ist der Graph nicht auf den ersten Blick klar interpretierbar. Sollten die Schüler nicht exakt gemessen haben beziehungsweise die Messungenauigkeiten zu groß gewesen sein, so wird der Graph nicht das eindeutige Ergebnis wie in Abbildung 11 zeigen. Deshalb sollte der Lehrer darauf bedacht sein, dass das Experiment und die Messungen sorgfältig und die Besprechung/Auswertung anschließend akribisch durchgeführt werden, sodass für alle Schüler der zum Ende folgende und in Abbildung 8 unten sichtbare Merksatz nachvollziehbar, verständlich und bewiesen ist.

Eine qualitative oder halb-quantitative Fehlerauswertung/-diskussion wäre in diesem Fall auch geeignet, besonders vor dem Kontext, dass zu erwarten ist, dass der Graph bei einigen

---

[18] Vgl. Murmann, L.: Praktikumsbericht – Das Hooke'sche Gesetz. Letzte Aktualisierung: 11.02.2005. URL: http://home.arcor.de/muke/schule/Praktikumsbericht.pdf Zugriff: 14.08.2011.

Paaren in der Klasse nicht genau aussieht wie in Abbildung 11. Wenn die überwiegende Mehrheit (und vor allem der Lehrer) die Ergebnisse auswertet, bietet sich eine Fehlerdiskussion durchaus an. Die Schüler sollten sich Gedanken machen, warum ihr Graph nicht der exakt gewünschten Vorstellung entspricht/entsprechen kann und diese Gedanken notieren beziehungsweise während der Auswertung ergänzen.

Das Experiment dient den Schülern zur Erweiterung ihres Wissensbestandes. Sie haben sich schon im Unterricht (experimentell) mit dem Hooke'schen Gesetz beschäftigt und wissen mit den relevanten Größen umzugehen. Nun erweitern sie ihren Kontext, indem sie ein neues Material hinsichtlich bekannter Größen untersuchen und die Ergebnisse strukturiert und analysierend aufbereiten und präsentieren. Der Wissenserwerb ist also gegeben. Außerdem festigt sich (→ Ergebnissicherung) die Vorstellung vom Hooke'schen Gesetz und die Schüler können nochmals den sachgerechten Umgang mit den Arbeitsmaterialien und –methoden, als auch den bereits bekannten Größen (vor allem Kräfte) in der Physik üben. Wie bei den Experimenten zuvor ist auch die Sozialkompetenz wieder mit eingeschlossen, da die Jugendlichen in Partnerarbeit arbeiten und sich zu artikulieren, zusammen zu arbeiten und Meinungen zu vertreten, wie auch Kompromisse zu finden und sich gegenseitig zu helfen, üben können. Außerdem wird das Aufstellen von physikalischen Thesen (Erwartungen) und das Widerlegen beziehungsweise Korrigieren oder Bestätigen dieser erprobt, was sich positiv auf das Verhalten vom Lösen physikalischer Probleme auswirken sollte.

II.V Freier Versuch 5: Bestimmung der Hangabtriebskraft an der geneigten Ebene.

Mittels geeigneten Aufbaus soll die Hangabtriebskraft eines Wagens/Schlittens auf der geneigten Ebene ermittelt werden. Ziel des Experiments ist es, zu zeigen, dass auf der geneigten Ebene Wechselwirkungen von Kräften spür- und messbar gemacht werden und dass zur Überwindung von Höhendifferenzen mit kleinerem Kraftaufwand (bezüglich der Hangabtriebskraft) immer längere Wege benötigt werden. Das Zusammenspiel von Reibungskräften, Hangabtriebskraft, Normalkraft und Gewichtskraft und das Anwenden und Üben des Umgangs mit diesen stehen hier im Zentrum des Experiments.

Wie schon im dritten hier vorgestellten Experiment (der Ermittlung der Haftreibungszahl an der geneigten Ebene), findet dieser Versuch Anwendung in der neunten Klasse im

Lernbereich 3: Bewegungsgesetze. Es lässt sich gut in den Abschnitt der Newton'schen Gesetze einbinden und ist als Schülerexperiment, welches in Partnerarbeit durchzuführen ist, geeignet. Je nachdem, ob zuvor schon das auf Seite 8ff. vorgestellte Experiment durchgeführt wurde, besitzen die Schüler prägnantes Vorwissen. Ich würde dieses Experiment zeitlich betrachtet jedoch in der Stoffeinheitenplanung des Lernbereichs vor der Ermittlung der Haftreibungszahl einsetzen, weil die Schüler hier nochmals den Umgang und die Wechselwirkung von Kräften auf einen Körper an der geneigten Ebene üben können. Die Schüler hatten bereits in der siebten Klasse den Umgang mit Kräften bereits erlernt und beschäftigten sich im selben Lernbereich zuvor mit Bewegungsarten, quadratischen Funktionen ($\rightarrow$ Fallbeschleunigung nun nicht mehr $10\ \frac{N}{kg}$ sondern $9{,}81\ \frac{m}{s^2}$ $\rightarrow$ Gewichtskraft und deren Wirkung ist bekannt) und können somit auch auf ein Fachvokabular wie Normalkraft, Reibungskraft oder eben die hier gesuchte Hangabtriebskraft zurückgreifen.

Die Lernschwierigkeiten sollten in diesem Fall gering sein, da, wie bereits erwähnt, die Schüler mit dem Fachvokabular und dem Umgang mit Kräften ausgestattet sind und der Lehrer vor der Durchführung des Experiments nochmals eine Skizze, wie in Abbildung 7 zu sehen ist, an die Tafel bringen kann, um mit den Schülern nochmals die auf der geneigten Ebene an einen Körper angreifenden Kräfte durchzugehen, sodass den Schülern nochmals vergegenwärtigt wird, welche Kraft es zu bestimmen gilt und in welchem Zusammenhang diese mit den anderen wirkenden Kräften steht.

<u>Zum Experiment selbst:</u>

Die Abbildung 12 zeigt den schematischen Aufbau des Experiments. Aus gegebenem Stativmaterial wird eine geneigte Ebene konstruiert, sodass der Neigungswinkel stets änderbar aber die Ebene auch in einer gewollten Position fixierbar ist. Am Stativ wird oben ein Federkraftmesser befestigt und dieser mit einem Faden über eine Seilrolle mit dem Wagen/Schlitten verbunden. Den Schlitten stellt man nun auf die geneigte Ebene und kann jetzt, mittels Variation des Neigungswinkels, die Hangabtriebskraft am Federkraftmesser ablesen. Zusätzlich sollen mit einem Vertikalmaßstab und einem Winkelmesser der Neigungswinkel und die Höhe der geneigten Ebene gegenüber der Grundfläche gemessen werden. Die Abbildungen 13 und 14 zeigen die Konstruktion in der Realität. Gut zu erkennen ist, dass unterschiedliche Höhen und Neigungswinkel eingestellt wurden und, das Resultat, dass der Federkraftmesser in Abbildung 14, bei höherer Steigung, eine größere Hangabtriebskraft anzeigt.

Die Schüler sollen das Experiment mit verschiedenen Neigungswinkeln und somit auch Höhen wiederholen und Messwerte aufzeichnen. Dabei zu beachten ist jedes Mal, dass der Wagen bei der Messung ruhen soll. Das heißt: Die Gegenkraft zur Hangabtriebskraft soll bei jeder Wiederholung exakt der Hangabtriebskraft entsprechen, sodass der vom Federkraftmesser abgelesene Wert auch möglichst exakt ist.

Abbildung 15 zeigt ein mögliches Tafelbild, in welchem dieser Sachverhalt berücksichtigt ist. Die Gegenkraft zur Hangabstriebskraft F_H wird hier mit F_X dargestellt. Die Schüler sollen diese Zeichnungen in ihren Heftern anfertigen und ebenfalls die auf der rechten Tafelseite zu sehende Tabelle (hierbei handelt es sich um einen schlichten Entwurf, der in der Praxis größer und übersichtlicher gestaltet werden würde) übernehmen. Diese Tabelle nutzen sie zum Eintragen/Notieren der Messwerte. Wie schon in den Versuchen zuvor gängig, könnte ich mir an dieser Stelle noch die Auswertung nicht nur mittels Tabelle, sondern auch Diagramm vorstellen, worauf meine Kommilitonen, als sie dieses Tafelbild entwarfen, jedoch verzichteten, um den nicht linearen sondern exponentiellen Zusammenhang zwischen Neigungswinkel und Hangabtriebskraft zu zeigen. Wegen dieser entstehenden Exponentialfunktion, den Vorkenntnissen über Winkelfunktionen und dem benötigten sicheren Umgang mit den Kräfteverhältnissen, würde ich das Experiment auch, wie bereits erwähnt, in der neunten Klasse durchführen und nicht wie auf Abbildung 15 rechts zu erkennen, in Klasse sieben. Ich denke, dass die Schüler erst in Klasse neun so explizit anwendbares Fachwissen über das Zusammenspiel von Kräften und Winkeln besitzen, dass sich dieses Experiment eher in der neunten Jahrgangsstufe eignet.

Weiterhin ist zu sagen, dass in Form eines Unterrichtsgespräches und dem Ausfüllen der Tabelle und des Diagramms (wie es im voran beschriebenen Versuch der Fall war) eine Auswertung geeignet scheint. Ein oder mehrere Schüler können aufgerufen werden, um die Messwerte in die Tabelle einzutragen oder den Graphen in das Diagramm zu zeichnen und somit die Ergebnisse zu vergleichen. Diese sollten dahingehend besprochen werden, dass alle Schüler im Anschluss den sicheren Umgang mit Kräften beherrschen und diese sowohl bestimmen als auch damit rechnen können.

Die Fehlerbetrachtung beschränkt sich bei diesem Versuch abermals auf das Notieren der Schüler, sowie das anschließende Besprechen und Ergänzen. Es sollte darauf hingewiesen werden, dass die Federkraftmesser keine exakten Messergebnisse liefern. Ebenfalls wird in diesem Fall die Rollreibung der Räder des Schlittens vernachlässigt, wie auch die Luftreibung und eventuelle Unebenheiten oder Schmutz auf der Ebene. Ich denke nicht, dass eine exakte Fehlerbetrachtung von Nöten ist, da das Hauptaugenmerk des

Experiments auf das Zusammenspiel und Wirken der zu messenden Größen und der Kräfte richtet. Jedoch sollte man den Schülern auch immer klar machen (und die Schüler sollten sich dessen stets bewusst sein), dass eine Physik auf dem Papier niemals diese ist, die sie beim Experimentieren in dieser Exaktheit wieder finden und sich daraufhin stets bewusst machen, aus welchen Gründen dies so ist.

Das Experiment sichert das in den Stunden voraus gelehrte Wissen. Die Schüler können nochmals auf ihr Basiswissen aus der siebten Klasse zurückgreifen und dieses mit dem Experiment und den Stunden zuvor verknüpfen. Die Schüler üben abermals den sachgerechten Umgang mit den Arbeitsmaterialien der Physik und das sichere Konstruieren mit diesen. Vor allem auch das exakte Messen und das Zusammenspiel mit ihrem Partner. Sie erschließen selbstständig die Arbeitsteilung für dieses Experiment und verbessern ihre Sozialkompetenz. Außerdem üben sie das Auswerten und Interpretieren von Messwerten anhand von Diagrammen und Tabellen. Sie werden sicherer im Umgang mit ihrem Fachwissen und fassen Vertrauen in ihr eigenes Wissen, da sie erkennen, dass sie über genügend verfügen, sodass sie mühelos ein Experiment und dessen Auswertung vornehmen können. Die Schüler lernen ihre Messungen anhand von Interpretationen zu begründen und verbessern ihre Fähigkeit zum Lösen physikalischer Probleme. Der Umfang ihres physikalischen Weltbildes und dem Verstehen von Abläufen und physikalischen Zusammenspielen und Prozessen in Natur und Technik erweitert sich und sie vertiefen ihr eigenes Verhältnis zur Physik.

III. Fazit

Zusammenfassend lässt sich sagen, dass die hier vorgestellten Experimente allesamt sehr nützlich sind. Experimente scheinen für den Lehrer im Voraus immer verhältnismäßig anstrengend vorzubereiten und mit einem gewissen Zeitaufwand versehen zu sein, ich denke jedoch, dass der Lerneffekt in einem Unterricht mit Experimenten sehr hoch ist. (Besonders, wenn es natürlich Schülerexperimente sind). Wie in den Abschnitten zu den Lernzielen und –erfolgen klar wird, werden die Schüler durch ein Schülerexperiment polyvalent geschult. Sie können ihr Wissen festigen und besitzen eine Vorstellung vom zu untersuchenden Phänomen. In vielen fachdidaktischen Büchern (fächerübergreifend!) ist häufig die Rede vom „methodische[n] Grundrhythmus des Unterrichts"[19]. Die drei Phasen (Einstiegsphase, Erarbeitungsphase und Ergebnissicherung) werden von Fachdidaktikern

---

[19] Jank, W./Meyer, H.: Didaktische Modelle. 9. Auflage. Berlin 2009, S. 91.

hoch bewertet/als enorm wichtig angesehen und von Vielen als das wichtigste Element bezeichnet wird die Motivation innerhalb der ersten Minuten in der Einstiegsphase. Ich denke, dass Neugier die beste Motivation ist, die ein Lehrer bei seinen Schülern schaffen kann. Ein Experiment kann, ist es richtig in den Kontext eingebettet und passend von der Lehrkraft instruiert, Lust und Neugier auf den Unterricht/das Experiment erzeugen. Ich denke, dass dies mit eine der bestmöglich schaffbaren Lernatmosphären kreiert und die Motivation, wie auch der Lerneffekt bei den Schülern somit überdurchschnittlich hoch ist.

Viele Schüler haben auch das Problem, dass ihnen der Physikunterricht zu „theorielastig" und „mathelastig" ist. Ich denke, dass sich durch die hier vorgestellten Experimente bei den Schülern unter den zuvor erklärten Eigenschaften, Phänomenen und Gesetzmäßigkeiten, durch die Experimente Visualisierungen bilden, welche das jeweilige Themengebiet sehr viel verständlicher und einprägsamer machen, als nur eine Erklärung oder Ähnliches. Bezugnehmend auf die Einleitung „Die Welt – und alles auf ihr – bewegt sich."[20] und nicht nur diesem Satz, lässt sich sagen, dass das Thema der Dynamik äußerst umfangreich ist und in fast jeder Klassenstufe in gewisser Form wiederkehrt. Die Experimente geben jedoch einen interessanten Einblick in den Unterricht und den Lehrplan zum Thema der Dynamik in der Mechanik und sind für den Lehrer, wie auch für die Schüler nahezu ausschließlich gewinnbringend/vorteilhaft.

---

[20] Halliday, D./Resnick, R./Walker, J.: Halliday Physik. 2., überarbeitete und ergänzte Auflage. Weinheim 2009, S. 14.

IV. Literaturverzeichnis

Monographien:

Halliday, D./Resnick, R./Walker, J.: Halliday Physik. 2., überarbeitete und ergänzte Auflage. Weinheim 2009.

Jank, W./Meyer, H.: Didaktische Modelle. 9. Auflage. Berlin 2009.

Kuchling, H.: Taschenbuch der Physik. 19. Auflage. München 2007.

Wilke, H.-J.: Physikalische Schulexperimente. Band 1 Mechanik/Thermodynamik. Experimente für die Sekundarstufe I. Berlin 2008.

Winter, R./Wörstenfeld, W.: Das große Tafelwerk interaktiv. Formelsammlung für die Sekundarstufen I und II. Berlin 2003.

Zeitschriften:

Wiesner, H. [Hrsg.] u.a.: Praxis der Naturwissenschaften. Physik in der Schule Jg. 59/2010, Heft Nr. 7.

Wiesner, H. [Hrsg.] u.a.: Praxis der Naturwissenschaften. Physik in der Schule Jg. 60/2011, Heft Nr. 4.

Wiesner, H. [Hrsg.] u.a.: Praxis der Naturwissenschaften. Physik in der Schule Jg. 59/2010, Heft Nr. 5.

Internetquellen:

Murmann, L.: Praktikumsbericht – Das Hooke'sche Gesetz. Letzte Aktualisierung: 11.02.2005. URL: http://home.arcor.de/muke/schule/Praktikumsbericht.pdf Zugriff: 14.08.2011.

Hanraths, N./Meier, R./Slotta, G.: Nachwuchsförderung im Deutschen Kraftfahrzeuggewerbe. Federn/Hookesches Gesetz. URL: http://www.physik-am-auto.de/federn/federn.htm Zugriff: 04.08.2011.

Sächsisches Ministerium für Kultus [Hrsg.]: Lehrplan Gymnasium – Physik. Dresden 2007. URL: http://www.sachsen-macht-schule.de/apps/lehrplandb/lehrplaene/listing/0 Zugriff: 03.08.2011

V. Abbildungsverzeichnis

VI. Anhang

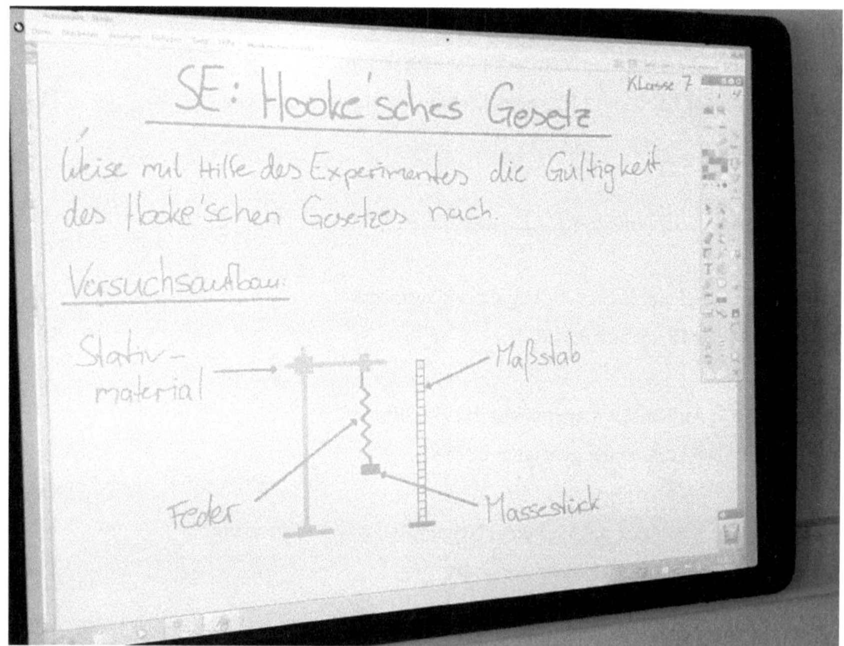

Abbildung 1: Tafelbild zum Experiment Hooke'sches Gesetz am Whiteboard mit Aufgabenstellung und Versuchsaufbau.

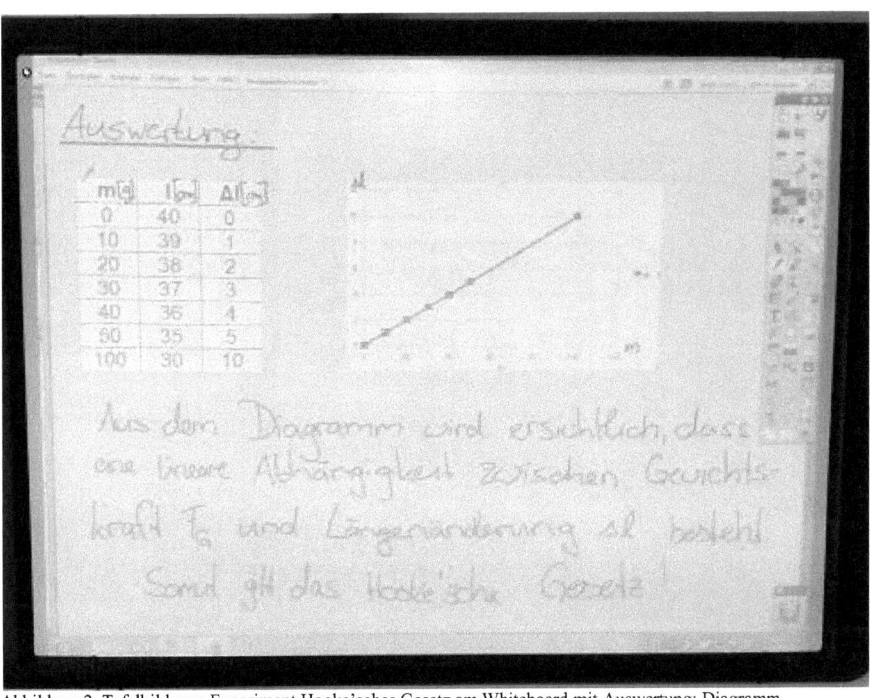

Abbildung 2: Tafelbild zum Experiment Hooke'sches Gesetz am Whiteboard mit Auswertung: Diagramm, Tabelle und abschließendem Merksatz.

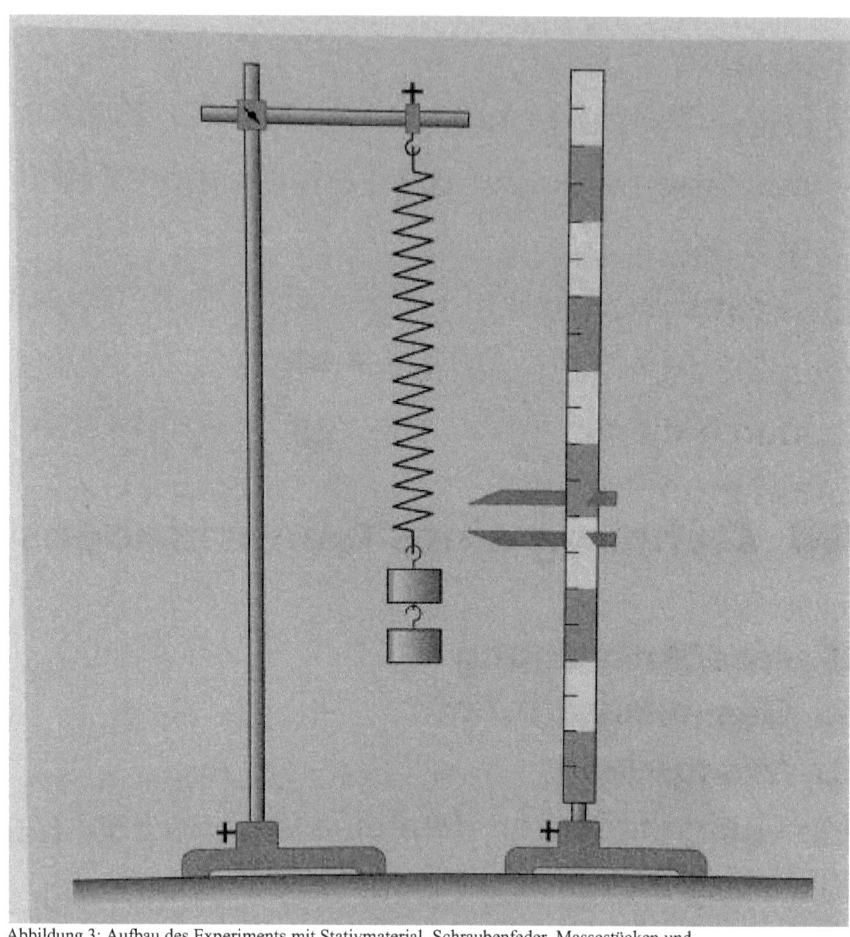

Abbildung 3: Aufbau des Experiments mit Stativmaterial, Schraubenfeder, Massestücken und Vertikalmaßstab. (Quelle: Wilke, H.-J.: Physikalische Schulexperimente. Band 1 Mechanik/Thermodynamik. Experimente für die Sekundarstufe I. Berlin 2008, S. 79.)

Abbildung 4: Aufbau des Experiments mit: 1. Stativ(material) 2. Vertikalmaßstab 3. Schraubenfeder 4. Massestücken.

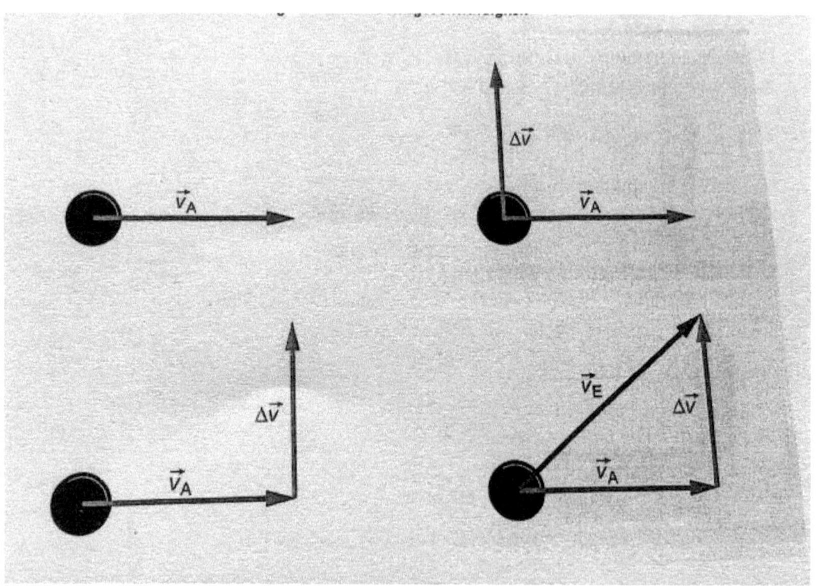

Abbildung 5: Addition von Geschwindigkeiten zur Darstellung des vektoriellen Charakters. (Quelle: Hopf, M. u.a.: Ein Unterrichtskonzept zur Einführung in die Dynamik in der Mittelstufe, in: Praxis der Naturwissenschaften. Physik in der Schule Jg. 59/2010, Heft Nr. 7, S. 13.)

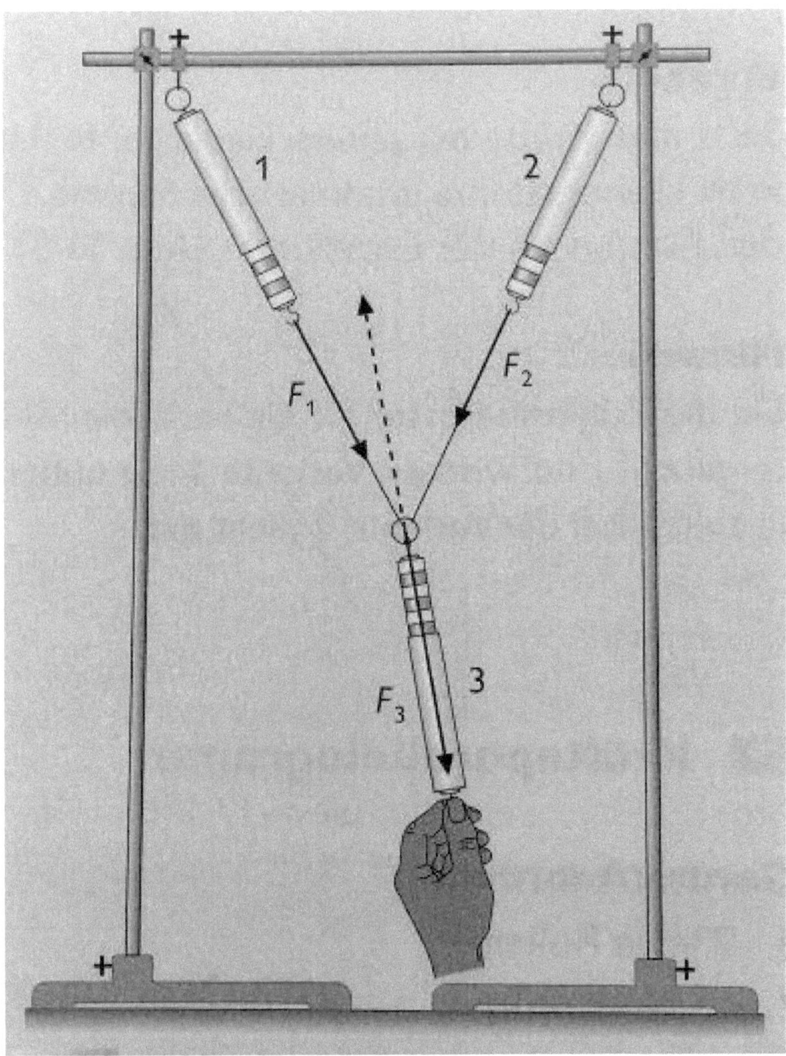

Abbildung 6: Aufbau des Experiments zur Veranschaulich der Zusammensetzung von Kräften verschiedener Wirkrichtung mit drei Zugkraftmessern. (Quelle: Wilke, H.-J.: Physikalische Schulexperimente. Band 1 Mechanik/Thermodynamik. Experimente für die Sekundarstufe I. Berlin 2008, S. 85.)

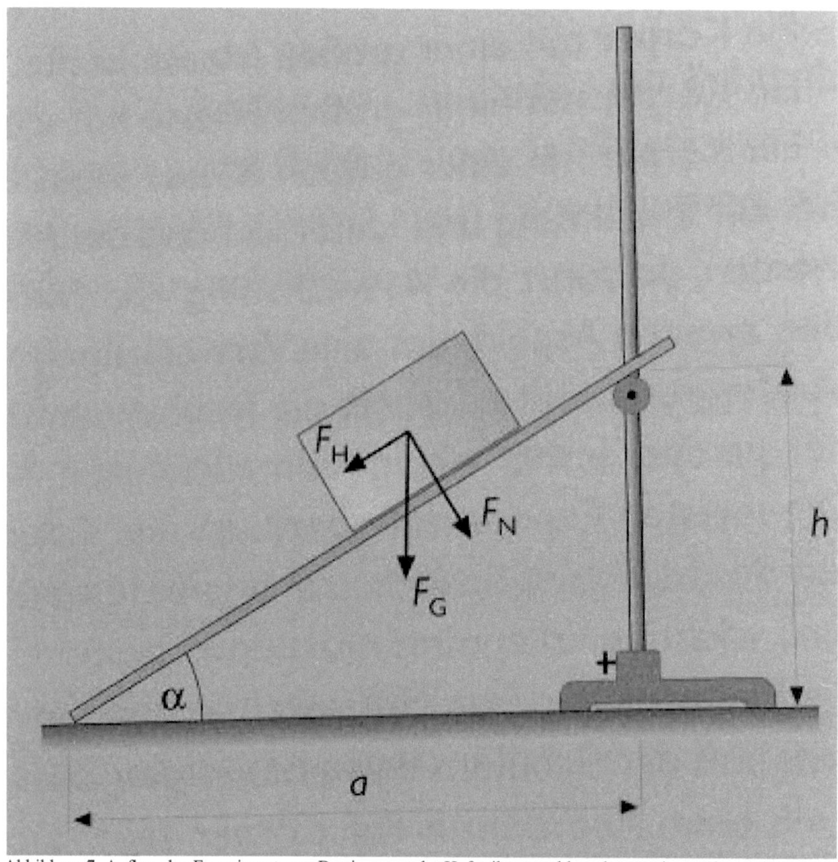

Abbildung 7: Aufbau des Experiments zur Bestimmung der Haftreibungszahl an der geneigten Ebene ohne die Ermittlung von Kräften (ausschließlich über die Messung von h und a). (Quelle: Wilke, H.-J.: Physikalische Schulexperimente. Band 1 Mechanik/Thermodynamik. Experimente für die Sekundarstufe I. Berlin 2008, S. 111.)

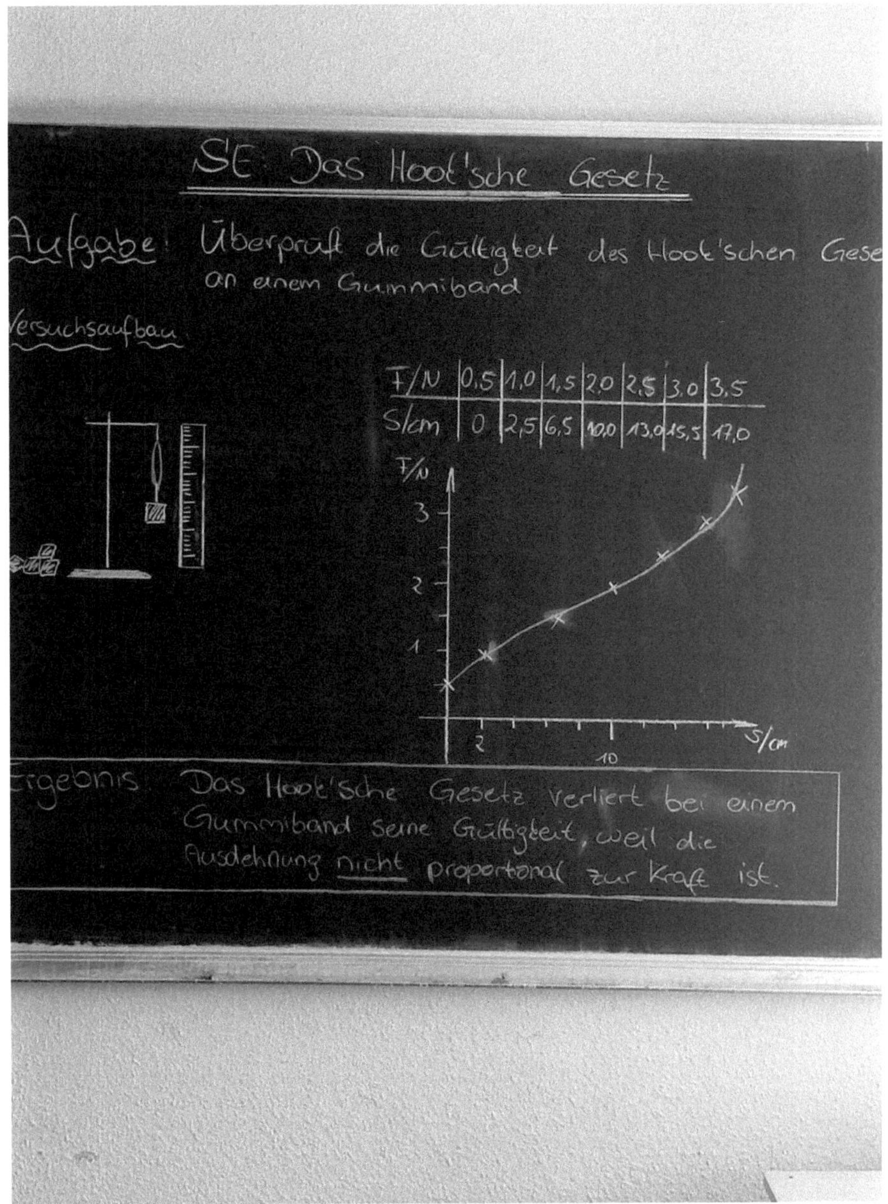

Abbildung 8: Mögliches Tafelbild zum Experiment: Das Hooke'sche Gesetz an einem Gummiband. Komplett ausgefüllt und nach der Auswertung des Experiments.

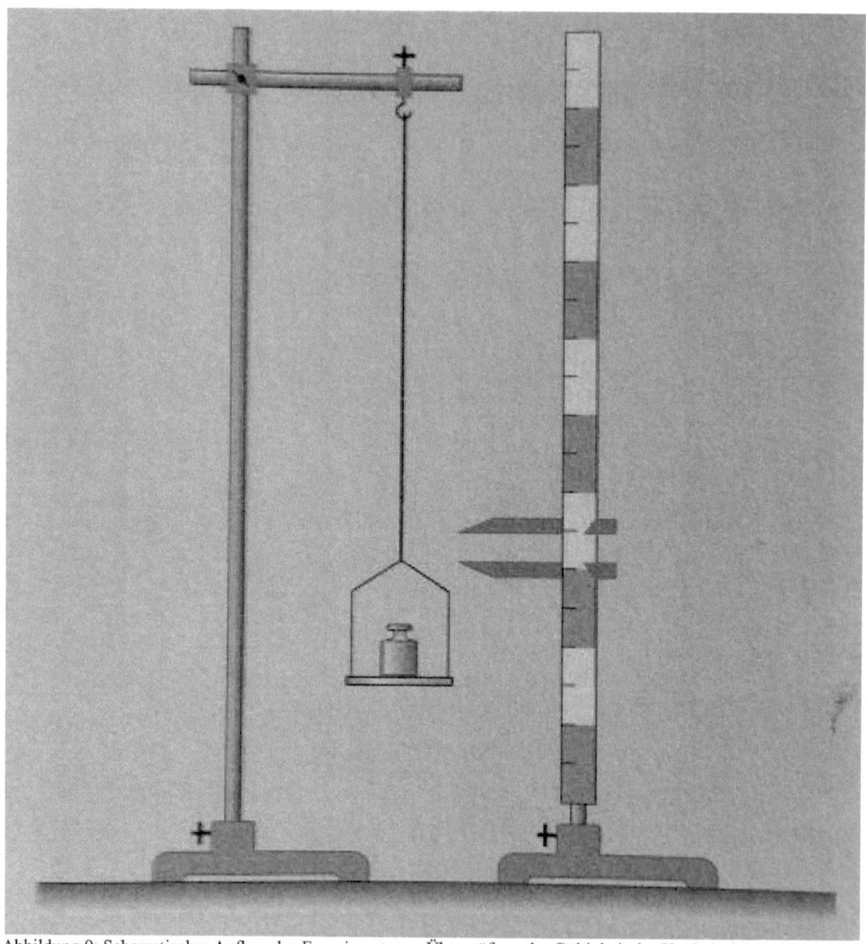

Abbildung 9: Schematischer Aufbau des Experiments zur Überprüfung der Gültigkeit des Hooke'schen Gesetzes an einem Gummiband. (Quelle: Wilke, H.-J.: Physikalische Schulexperimente. Band 1 Mechanik/Thermodynamik. Experimente für die Sekundarstufe I. Berlin 2008, S. 81.)

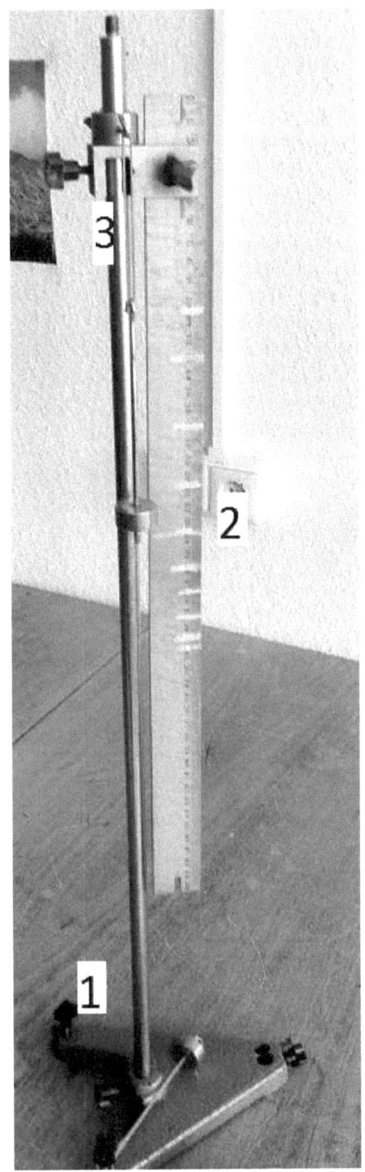

Abbildung 10:Aufbau des Experiments in der Realität
mit 1. Stativ 2. Vertikalmaßstab mit Höhenmarkierungen
und 3. eingespanntem Gummi (grün) mit Massestück.

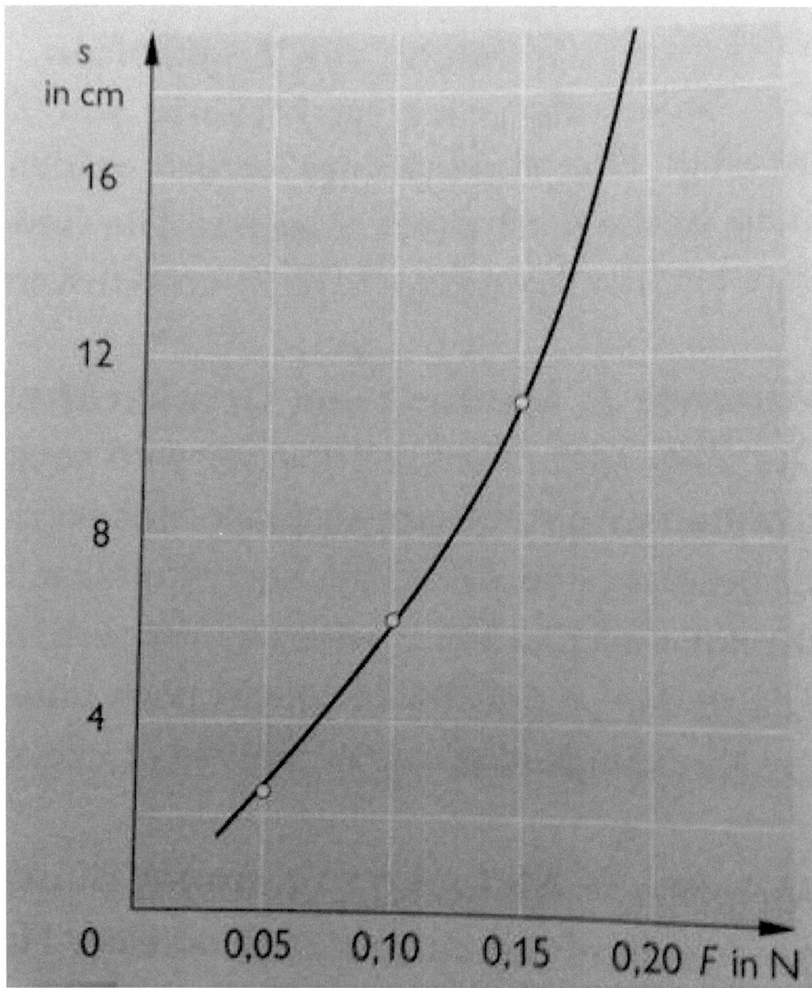

Abbildung 11: Diagramm zur Veranschaulichung des Verhältnisses von einwirkender Kraft und Längenausdehnung bei einem Gummiband. Die Kraft ist nicht proportional zur Längenausdehnung, weil Gummis keine linear-elastische sondern eine progressive Federhärte besitzen. (Quelle: Wilke, H.-J.: Physikalische Schulexperimente. Band 1 Mechanik/Thermodynamik. Experimente für die Sekundarstufe I. Berlin 2008, S. 81.)

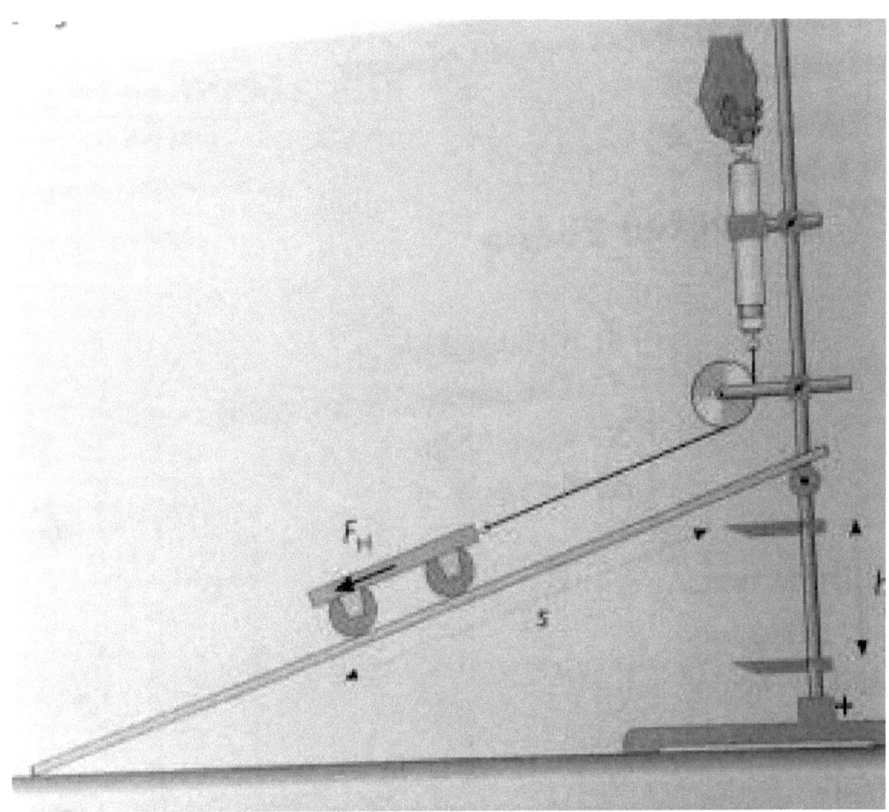

Abbildung 12: Schematischer Aufbau des Experiments zur Bestimmung der Hangabtriebskraft. (Quelle: Wilke, H.-J.: Physikalische Schulexperimente. Band 1 Mechanik/Thermodynamik. Experimente für die Sekundarstufe I. Berlin 2008, S. 104.)

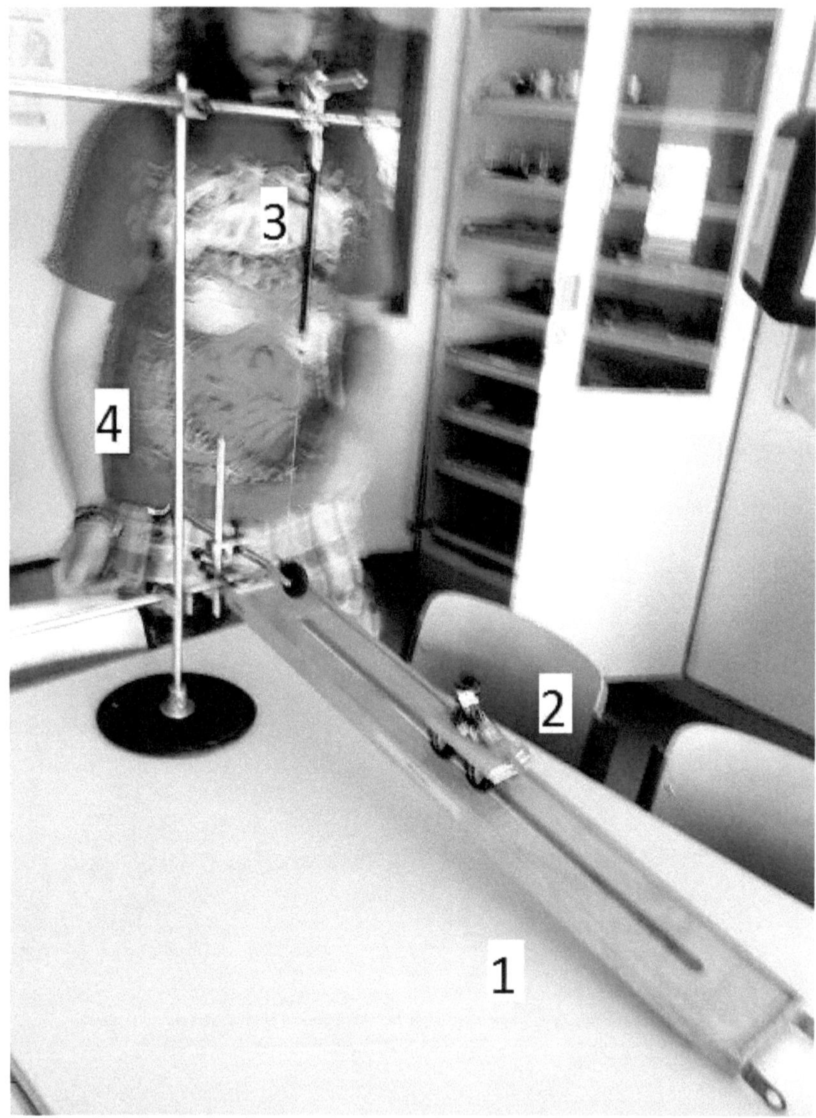

Abbildung 13: Aufbau des Experiments zur Bestimmung der Hangabtriebskraft an der geneigten Ebene mit 1. Geneigter Ebene (Unterlage) 2. Schlitten 3. Federkraftmesser zur Ermittlung der Hangabstriebskraft 4. Stativkonstruktion.

Abbildung 14: Position 2 mit stärkerem Neigungswinkel der Ebene und demzufolge auch höherer
Hangabtriebskraft.

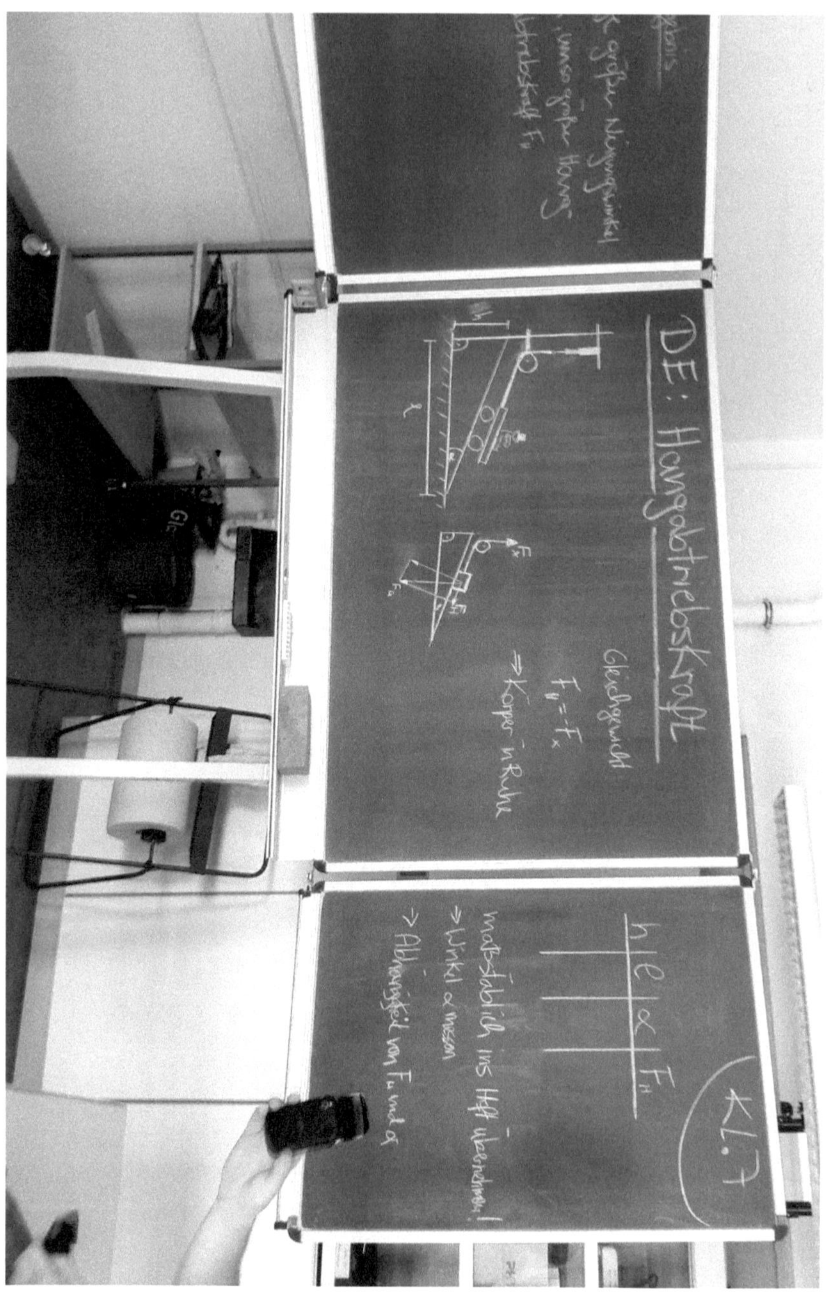

Abbildung 15: Mögliches Tafelbild mit Skizze zum Aufbau, kompakter Tabelle und nicht ganz zu erkennender Hausaufgabe (linke Tafelseite).